BEI GRIN MACHT SICH IHR WISSEN BEZAHLT

- Wir veröffentlichen Ihre Hausarbeit, Bachelor- und Masterarbeit

- Ihr eigenes eBook und Buch - weltweit in allen wichtigen Shops

- Verdienen Sie an jedem Verkauf

Jetzt bei www.GRIN.com hochladen und kostenlos publizieren

Bibliografische Information der Deutschen Nationalbibliothek:

Die Deutsche Bibliothek verzeichnet diese Publikation in der Deutschen National-bibliografie; detaillierte bibliografische Daten sind im Internet über http://dnb.d-nb.de/ abrufbar.

Impressum:

Copyright © 2011 GRIN Verlag
Druck und Bindung: Books on Demand GmbH, Norderstedt Germany
ISBN: 9783668916418

Dieses Buch bei GRIN:

https://www.grin.com/document/461757

Christine Glitsch

Magische Quadrate im Mathematikunterricht der 4. Klasse

GRIN Verlag

GRIN - Your knowledge has value

Der GRIN Verlag publiziert seit 1998 wissenschaftliche Arbeiten von Studenten, Hochschullehrern und anderen Akademikern als eBook und gedrucktes Buch. Die Verlagswebsite www.grin.com ist die ideale Plattform zur Veröffentlichung von Hausarbeiten, Abschlussarbeiten, wissenschaftlichen Aufsätzen, Dissertationen und Fachbüchern.

Besuchen Sie uns im Internet:

http://www.grin.com/

http://www.facebook.com/grincom

http://www.twitter.com/grin_com

Unterrichtsvorbereitung

zur Prüfungslehrprobe für das 2. Staatsexamen

von

Christine Glitsch

Note 1,6

Fach:	Mathematik
Klasse:	4
Thema der Unterrichtseinheit:	Wir entdecken und untersuchen magische Quadrate
Thema der Unterrichtstunde:	Wir entdecken und untersuchen das Dürer-Quadrat

Thema der Unterrichtseinheit

Wir entdecken und untersuchen magische Quadrate

Lernziel:

In der Auseinandersetzung mit den Gesetzmäßigkeiten der magischen Quadrate können die SuS[1] ihr mathematisches Wissen ihrem individuellen Entwicklungsstand entsprechend anwenden, indem sie Muster und Strukturen erkennen und erarbeiten. Dabei erweitern sie ihre allgemein-mathematischen Kompetenzen Problemlösen, Argumentieren und Kommunizieren durch das Auffinden und Beschreiben der Gesetzmäßigkeiten innerhalb eines kooperativen und individuellen Arbeitsprozesses.

Thema der Unterrichtsstunde

Wir entdecken und untersuchen das Dürer-Quadrat

Lernziel:

Die SuS erkennen die Gesetzmäßigkeiten des magischen 4x4-Quadrates am Beispiel des Dürer-Quadrates, indem sie, ihrem individuellen Entwicklungsstand entsprechend, multiplikative und additive Beziehungen magischer Quadrate erarbeiten. Sie erweitern ihre Fähigkeiten im Argumentieren und Kommunizieren, indem sie, ihrem Lernstand entsprechend, ihre Entdeckungen darlegen, reflektieren und begründen.

---

[1] Ich verwende in diesem Unterrichtsentwurf durchgängig die Abkürzung „SuS" für „Schülerinnen und Schüler".

Inhaltsverzeichnis

1. Lernvoraussetzungen

1.1. Beschreibung der Lerngruppe

Die Klasse 4 hat sich zu Beginn des 3. Schuljahres aus SuS zweier jahrgangsgemischter Eingangsklassen zusammengesetzt. Es sind 22 Schüler, davon 10 Mädchen und 12 Jungen. Viele SuS haben einen Migrationshintergrund, beherrschen aber durchweg die deutsche Sprache gut bis sehr gut. Seit Beginn des 3. Schuljahres unterrichte ich eigenverantwortlich alle 5 Stunden des Mathematikunterrichts in der Klasse 4.

1.2. Arbeits- und Sozialverhalten

Die SuS der 4 sind im Unterricht meist motiviert und interessiert. Neue Themen werden gut angenommen, die SuS bringen eigene Gedanken und Fragen ein und arbeiten meist aufmerksam und engagiert mit. Auch wenn es oft lebhaft zugeht, herrscht im Allgmeinen eine angenehme und konzentrierte Arbeitsatmosphäre. Das soziale Klima lässt sich als positiv beschreiben. Wenn es in Einzelarbeitsphasen Fragen gibt, gehen die SuS gerne darauf ein, einem Mitschüler zu helfen. Das Arbeitsverhalten der SuS ist sehr unterschiedlich (Anhang 6.1.). Einige SuS beginnen direkt, sind konzentriert und arbeiten selbstständig. Andere SuS arbeiten zwar ebenfalls meist selbständig und sorgfältig, lassen sich dabei aber leicht ablenken bzw. sind selbst Störquellen. Trotzdem erzielen sie gute Arbeitsergebnisse und sind meist schnell fertig. Es gibt SuS, die oft noch aktiviert und motivert oder ermahnt und immer wieder dazu angehalten werden müssen, während der Arbeitsphase dauerhaft konzentriert zu arbeiten. Einigen SuS fällt ein selbstständiges Arbeiten noch deutlich schwerer, weswegen ihnen die Aufgabenstellung oft nochmals im Einzelgespräch erläutert werden muss.

1.3. Methodische Voraussetzungen

Im Sitz(halb)kreis, einer vertrauten Sozialform zur Einführung neuer Themen oder Reflexion, verhalten sich die SuS engagiert und beteiligen sich i.A. gut. In der Einzelarbeit können die SuS i.A. konzentriert arbeiten (s.o.), besprechen sich gelegentlich mit einem Tischnachbarn und helfen sich bei auftretenden Fragen. Die Reflexion erfolgt meist im Sitz(halb)kreis und die SuS setzen sich dazu meist in eine Jungen-Mädchen-abwechselnde Sitzposition. Es ist den SuS vertraut, eigene Entdeckungen zu schildern und zu begründen.

1.4. Fachlich-inhaltliche Voraussetzungen

In den ersten zwei Stunden der Einheit haben die SuS magische Quadrate 3. Ordnung kennengelernt. Dabei konnten sie mathematische Fachbegriffe (Diagonale, Zeile, Spalte) aus dem 3. Schuljahr wiederholen und räumliche Strukturen erkennen. Zahlenmuster und Zahlengesetzmäßigkeiten zu erkennen wurde auch in anderen Zusammenhängen (Pascal'sches Dreieck, Zahlenmauern usw.) geübt. Dabei wurde besonders Wert auf die Verschriftlichung und das mathematische Argumentieren gelegt, und die SuS äußerten sich gerne zu ihren Entdeckungen. Die SuS rechnen in dieser Einheit zunächst (1.-3. Stunde) im Zahlenraum bis 100, den alle SuS Im Bereich der Addition und Multiplikation beherrschen. Einige SuS werden diesen Zahlenraum in der 4. Stunde beim Erstellen eigener Quadrate sicherlich überschreiten bis in den gerade kennengelernten Zahlenraum über 1.000.

2. Sachanalyse

Ein magisches Quadrat der Zahlen 1, 2, 3, 4, ...,n^2 ist in Felder aufgeteilt, wobei die Anzahl der Zeilen und Spalten genau gleich ist. Jedes Feld enthält eine ganze Zahl. Die Zahlen sind so angeordnet, dass die Summe jeder Zeile, Spalte und Diagonale gleich ist. Wenn das Quadrat aus vier Spalten und vier Zeilen besteht, nennt man es ein magisches Quadrat vierter Ordnung.[2] Ein Quadrat zweiter Ordnung (2x2 Felder) lässt sich unter den Bedingungen des magischen Quadrates (Summe der Zeilen, Spalten, Diagonalen ist gleich) nicht anordnen. Das kleinste magische Quadrat besteht daher aus 9 Feldern und enthält die Zahlenreihe 1 bis 9. Auch andere Zahlenreihen sind möglich, dabei ist jedoch die Voraussetzung, dass es sich um eine fortlaufende Zahlenreihe handelt.[3] Magische Quadrate vierter Ordnung mit 16 Feldern zeigen für eine Zahlenreihe mit 16 Zahlen 880 verschiedene Möglichkeiten der Anordnung. Für die Zahlen von 1 bis 16 erhält man dabei die Summe 34.[4]

Für das 4 x 4-Quadrat mit der Zahlenfolge (1,2,3, ...,16) gilt: $S_4 = \dfrac{4^4 + 4}{2} = 34$ („magische Zahl").

Bei 4x4-Quadraten ist die magische Summe jeweils das Doppelte der Summe der kleinsten und der größten Zahl. Die verschiedenen Zahlenquadrate lassen sich jeweils durch Drehung (90°, 180°, 270°) und/oder Spiegelung an einer der vier Symmetrieachsen erzeugen.[5] Durch Addition aller Zahlen mit demselben Summanden oder durch Multiplikation mit demselben Faktor sowie durch „Zusammenlegen" lassen sich neue, ebenfalls magische Quadrate bilden.

Allerdings enthalten die so gebildeten Quadrate nicht immer eine arithmetische

[2] Dahl, Kristin/Nordqvist, Sven: Zahlen, Spiralen und magische Quadrate. Hamburg, 1996, S. 45
[3] Quak, Udo/Sterkenburgh, Sabine/Verboom, Lilo: Die Grundschul-Fundgrube für Mathematik. Berlin, 2006, S. 23
[4] Quak/Sterkenburgh/Verboom, S. 23; Hirt/Wälti, S. 101
[5] Hirt, Ueli/Wälti, Beat: Lernumgebungen im Mathematikunterricht. 2. Aufl., Seelze-Velber, 2010, S. 93

Zahlenfolge und es können bei einer additiven Verknüpfung einzelne Zahlen doppelt oder sogar mehrfach auftreten.[6]

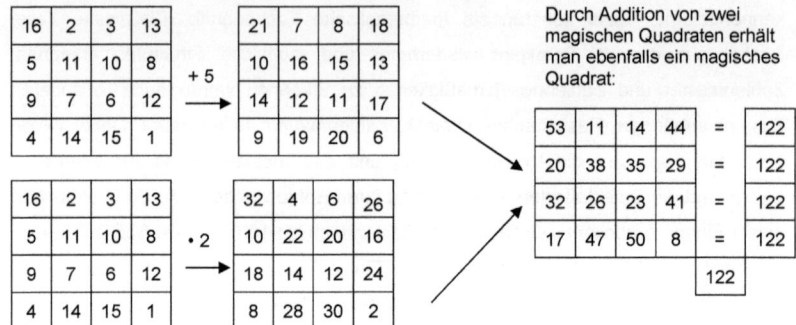

Die „magische Zahl" des 4x4-Quadrates mit der Folge 1,2,..,16 ergibt sich jedoch nicht nur als Summenzahl, sondern auch bei anderen Kombinationen von Vierergruppen innerhalb des Quadrates: Gegenüberliegende Eckzahlen ergeben zusammen die Hälfte der Summenzahl. Die zwischen den Eckzahlen liegenden beiden Kreuzzahlen (z.B. 2,3) ergeben mit den gegenüberliegenden beiden Kreuzzahlen (14, 15) zusammen die Summenzahl. Auch alle vier Eckzahlen zusammen ergeben die Summenzahl.[7]

Diese geometrischen Muster zeigen ebenfalls regelmäßige Anordnungen, einige Beispiele zeigt die folgende Graphik:[8]

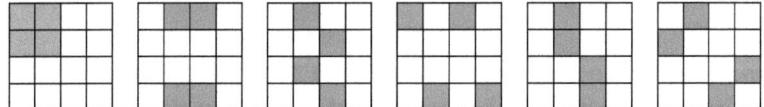

Die Bildung eines 4x4-Quadrates erfolgt durch zwei Spiegelungen von Diagonalzahlen an der jeweils anderen Diagonale des Quadrates.[9] Zum Dürer-Quadrat erfolgt eine weitere Spiegelung:

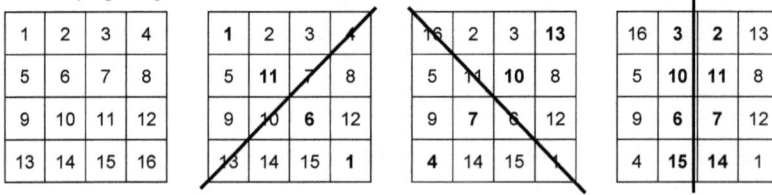

[6] Hirt/Wälti, S. 99
[7] anhand der o.g Graphik sind weitere Eigenschaften erkennbar, die jedoch nicht ganz so „einsichtig" sind
[8] Hirt/Wälti, S. 100; durch Drehung/Spiegelung der markierten Felder sind weitere Muster darstellbar
[9] Hirt/Wälti, S. 100

3. Didaktische Überlegungen

3.1. Didaktische Überlegungen zur Unterrichtseinheit

Magische Quadrate üben eine große Faszination auf Kinder und Erwachsene aus und regen zum Nachdenken über Zahlen und einen kreativen Umgang mit ihnen an. Die Grundregeln der magischen Quadrate, die immer gleiche Summenzahl – „magische Zahl" – ermöglichen bereits Kindern der 2. Klasse ein Entdecken von Zahlbeziehungen. Durch einen zunehmenden Schwierigkeitsgrad, z.B. bei magischen Quadraten 5. oder höherer Ordnung oder durch Einbeziehen von negativen Zahlen[10], gibt es Differenzierungsmöglichkeiten und auch für ältere SuS und Erwachsene viele Variationen zum Knobeln. Muster und Strukturen sind für Grundschüler nicht immer erklärbar, ermöglichen ihnen aber viele Entdeckungen, die die Motivation steigern, sich mit mathematischen Gesetzmäßigkeiten zu beschäftigen.[11] Bereits in der Antike und im Mittelalter beschäftigte man sich mit den Knobeleien um magische Quadrate. Das bekannteste magische Quadrat findet sich auf dem Kupferstich „Melencolia I" aus dem Jahr 1514 von Albrecht Dürer.[12] Die Verwandtschaft mit Sudokus zeigt die Anwendung im Alltag durch das Lösen dieser Rätsel.

In dieser Unterrichtseinheit erarbeiten die SuS zunächst Gesetzmäßigkeiten der 3x3-Quadrate, dann 4x4-Quadrate, durch entdeckendes und selbsttätiges, problemorientiertes Handeln. Sie fördern ihre allgemeinen mathematischen Kompetenzen im Problemlösen durch das Suchen und Finden von Lösungsstrategien beim Herausarbeiten von Gesetzmäßigkeiten[13]; dies verbessert auch die Lernkompetenz gemäß Kerncurriculum[14]. Argumentieren und Kommunizieren werden durch das Begründen und Beschreiben der gefundenen Strukturen gefördert[15] und die zu Beginn der Unterrichtseinheit kooperative Arbeitsweise verbessert die Sozialkompetenz[16].

Je nach individuellem Lernniveau arbeiten die SuS im Zahlenraum bis 100 oder darüber und festigen ihre Fertigkeiten im Bereich der Addition und Multiplikation des Inhaltsfeldes „Zahlen und Operationen" durch Anwendung der Grundrechenarten und des Kopfrechnens.[17] Aus dem Inhaltsfeld „Raum und Form" werden Lagebeziehungen wie „nebeneinander", „diagonal" usw. und Zahlengruppierungen angesprochen und in zweidimensionalem Zusammenhang vertieft.[18] Die Anordnung der Zahlen und ihre durch Bewegungen (Spiegelung bzw. Drehung) erfolgten Transformationen ermöglichen eine Verbindung von Geometrie und Arithmetik, wobei als weitere

---

[10] Schmitt, Georg: Aufgabeneinheit 6: Magische Quadrate. http://www.sinus.bildung-rp.de/Sinus-Transfer/Brosch%FCre%20pdf/S.120%20Magische%20Quadrate.pdf (Zugriff am 03.10.2011)
[11] Hessisches Kultusministerium: Kerncurriculum Hessen. Wiesbaden, 2011, S. 11
[12] Quak/Sterkenburgh/Verboom, S. 22,
[13] Kerncurriculum, S. 13
[14] Kerncurriculum, S. 11
[15] Kerncurriculum, S. 12f.
[16] Kerncurriculum, S. 10
[17] Kerncurriculum, S. 18
[18] Kerncurriculum, S. 19

Gesetzmäßigkeit erarbeitet werden kann, dass ein bestimmtes Muster durch eine bestimmte Anzahl von Bewegungen in ein anderes umgewandelt werden kann.[19] Dem Inhaltsfeld „Muster und Strukturen" kommt in dieser Einheit durch Entdecken, Umgestalten und Selbsterzeugen[20] von magischen Quadraten Bedeutung zu und ermöglicht den SuS, eine positive Grundeinstellung zur Mathematik und Freude am Entdecken und Hinterfragen zu erhalten und zu verstärken.[21] Ein größeres Verständnis für Muster in der Mathematik ermöglicht auch schwächeren SuS, ökonomischer zu denken[22] und größere Lernfortschritte zu machen.[23]

3.2. Didaktische Überlegungen zur Unterrichtsstunde

Das „Dürer-Quadrat"[24] ist das bekannteste magische Quadrat, denn es birgt in sich zunächst alle Elemente magischer 4x4-Quadrate wie die „magische Zahl", aber darüber hinaus auch weitere „magische" Konstellationen: Die Zahlen 15 und 14, die nebeneinander stehen und das Jahr 1514 symbolisieren, als Albrecht Dürer den Kupferstich „Melencolia I" mit dem darauf befindlichen Dürer-Quadrat erstellte. Dürer war damals 43 Jahe alt und die Zahl 43 ergibt umgedreht die „magische Zahl" 34. [25]

Ich habe mich für das Bild „Melencolia I" von Albrecht Dürer als Einstieg entschieden, weil das Bild selbst heute noch ein Rätsel und nicht völlig entschlüsselt ist. Dürer beschäftigte sich sehr intensiv mit Mathematik und auch Mystik und kam vielleicht deshalb zu der Idee, beides miteinander in diesem Bild zu vereinen. Für die Mathematik im Denken der Kinder sollte dieses Bild zeigen, dass Mathematik nicht losgelöst vom Leben ist – die besonderen Jahreszahlen beispielsweise – und dass Mathematik verschiedene Ideen und Bedeutungen ermöglicht. Rätsel und Knobeleien fördern das Interesse und können zur Beschäftigung mit Mathematik führen.

Magische 4x4-Quadrate unterscheiden sich von 3x3-Quadraten und sind daher nur teilweise als Grundlage für die 4x4-Quadrate zu nutzen. Grundsätzliche Elemente der 3x3-Quadrate bleiben jedoch gleich, so dass alle SuS im Einstieg zunächst die Summenkonstanz feststellen und benennen können. Die gemeinsame mündliche Sammlung von Regeln der 4x4-Quadrate anhand des ausgehängten Dürer-Quadrates ermöglicht daher allen SuS das Argumentieren und Kommunizieren, dabei können leistungsstärkere SuS bereits im Sitzkreis weitere Elemente feststellen und benennen. Die genannten Regeln werden durch farbige Pappstreifen kenntlich gemacht und können für die SuS in der anschließenden Arbeitsphase bei der Bearbeitung des

---

[19] Lörcher, Christa/Lörcher, G. A.: Nuffield Mathematikprojekt. Konkrete Mathematik in der Grundschule 1. Stuttgart, 1975, S. 136f.
[20] Kerncurriculum, S. 18
[21] Kerncurriculum, S. 11
[22] z.B. das Erkennen von Umkehraufgaben im 1x1 verringert die Anzahl der zu lernenden Aufgaben auf die Hälfte
[23] Wittman, Erich Ch./Müller, Gerhard N.: Muster und Strukturen als fachliches Grundkonzept. In: Walther, G. et al.: Bildungsstandards für die Grundschule: Mathematik konkret. 4. Aufl., Berlin, 2010, S. 49
[24] im folgenden wird auf Anführungszeichen verzichtet und anstelle von „Dürer-Quadrat" nur Dürer-Quadrat verwendet
[25] weitere Ausführungen zum Bild „Melencolia I", dem Dürer-Quadrat sowie zu Albrecht Dürer im Anhang 6.3.

Arbeitsblattes als anschauliche Hilfe dienen. Begriffsnennungen wie Kreuzzahlen, Eckzahlen werden auf Karten an die Tafel gehängt, um den SuS bei der Bearbeitung der Arbeitsblätter zusätzliche Impulse zu geben (s. Tafelbild 6.7.).

Die Hinführung/Problemorientierung ermöglicht es auch den schwächeren SuS, anhand von gemeinsam erarbeiteten Beispielen, die Aufgabe 1 des Arbeitsblattes zu lösen. Nach der Betrachtung eines eher statischen Zahlengefüges erfolgt nun durch die Rechenoperation eine prozesshafte Beobachtung deren Auswirkung und dies leitet auf die Arbeitsfrage der Stunde hin.[26] Durch die Beispiele können Fragen nach Begriffen wie „verdoppeln" in der Aufgabenstellung vermieden werden, und es wird deutlicher, ob nur die erste Zahl verändert oder, wie vorgesehen, alle Zahlen des Dürer-Quadrates gleichermaßen verändert werden.

In der Arbeitsphase wird das doppelseitige Arbeitsblatt von allen SuS in Einzelarbeit bearbeitet. Der Arbeitsauftrag: „Findet heraus, ob wieder ein magisches Quadrat entsteht", motiviert die SuS zum Überdenken der Strukturen der magischen Quadrate und fordert sie heraus, etwas selbst zu entdecken. Ich habe mich gegen Partnerarbeit entschieden, da so jeder Schüler auf seinem individuellen Leistungsstand arbeiten und seine Entdeckungen auch verschriftlichen kann, gleichwohl können sie sich untereinander leise beraten.

Die Aufgaben des Arbeitsblattes ermöglichen eine innere Differenzierung der SuS gemäß ihres Lernstandes, indem das Herausarbeiten von Gesetzmäßigkeiten bei gleicher Aufgabenstellung zu sehr unterschiedlichen Ergebnissen führen kann.[27] Lernschwächere SuS entdecken einige Regelmäßigkeiten und können bestehende Quadrate additiv und multiplikativ verändern. Lernstärkere SuS erkennen weitere Gesetzmäßigkeiten und können diese präziser beschreiben und begründen. Dabei sind sie in der Lage, Zusammenhänge zwischen verschiedenen magischen Quadraten zu finden und zu verbalisieren.[28] Berechnungen haben dabei keine isolierte Funktion, sondern stellen die Untersuchungsmethode dar, die die Erkundungssituation ermöglicht. Dabei stehen Berechnen, Beobachten, Vermuten und Vergleichen mit Blick auf die übergreifende Fragestellung eng miteinander in Beziehung und führen schließlich zur Beantwortung der Arbeitsfrage.[29]

Die 1. Aufgabe ermöglicht allen SuS das Berechnen neuer magischer Quadrate (Reproduzieren bereits bekannten Wissens: Anforderungsbereich I) und das Beschreiben der entdeckten Strukturen additiver und multiplikativer Beziehungen, um daran zu entscheiden, ob das neue Quadrat magisch ist oder nicht. Dabei wird

---

[26] Verboom, S. 173
[27] Krauthausen, Günter/Scherer, Petra: Natürliche Differenzierung im Mathematikunterricht der Grundschule: Theoretische Analyse und Potential ausgewählter Lernumgebungen. In: Böttinger, C./Bräuning, K./Nührenbörger, M./Schwarzkopf, R./Söbbeke, E. (Hrsg.): Mathematik im Denken der Kinder. Seelze, 2010, S. 53f.
[28] Hirt/Wälti, S. 105
[29] Verboom, Lilo: Mir fällt auf: Du hast die 1 krumm geschrieben! In: Rathgeb-Schnierer, Elisabeth/Roos, Udo (Hrsg.): Wie rechnen Matheprofis? München/Düsseldorf/Stuttgart, 2006, S. 171

Vorwissen aktiviert und in neuen Zusammenhängen angewendet (AB II). Eine Verschriftlichung halte ich für sinnvoll, da dies den SuS hilft, Ideen zu ordnen und durch Notation von Regeln diese besser zu verinnerlichen.[30] Diese Aufgabe ermöglicht allen SuS das Rechnen im Zahlenbereich bis etwa 100, leistungsstärkere SuS haben in Teilaufgabe 1c die Möglichkeit, diesen Zahlenraum zu erweitern, indem sie sich bei der Addition zweier magischer Quadrate für die größeren Zahlenquadrate entscheiden.[31] Besonders die leistungsstärkeren SuS werden in Aufgabe 2 dazu motiviert, geometrische Muster im Dürer-Quadrat zu erkennen, die auf der magischen Zahl 34 basieren (AB III „Verallgemeinern und Reflektieren") und diese zu markieren.

SuS, die das 1. Arbeitsblatt vollständig bearbeitet haben, können ein Zusatzblatt erhalten, das die Erstellung eines eigenen magischen Quadrates ermöglicht (s. 6.5.). Ich gehe allerdings davon aus, dass diese Aufgabe nur von J. bearbeitet wird. J. wird die 2. Aufgabe nicht erhalten, sondern nach der 1. Aufgabe seine Arbeitszeit ganz auf die Erstellung eines eigenen „J." -Quadrates" verwenden können. Ich habe mich für diese Aufgabenkombination entschieden, weil dies für ihn eine echte Herausforderung darstellt, die seiner Begabung entspricht, und die 1. Aufgabe für ihn nur ein kurzes „warm-up" darstellt. Seine Lösung kann J. in der darauffolgenden Stunde vorstellen und somit auch den anderen SuS die Bildungsregeln verdeutlichen. Sollte er diese Aufgabe nicht vollständig bearbeitet haben, erhält er die Möglichkeit, diese Aufgabe zu Hause weiter zu bearbeiten.

In dieser Stunde möchte ich herausarbeiten, und dies erfolgt in der Reflexion, dass magische Quadrate n-ter Ordnung durch ihre Summenkonstanz „magisch" sind. Alle SuS sollten dies kommunizieren und begründen können. Dies fördert die allgemeinen mathematischen Kompetenzen des Argumentierens und Kommunizierens an einem Beispiel. SuS, die noch Aufgabe 2 bearbeitet haben, können weitere Entdeckungen mitteilen und ihren Mitschülern erklären. Dies ermöglicht auch den anderen SuS, ihren Blick für Muster und Strukturen zu schärfen. Sofern die Zeit noch ausreicht, werde ich einen Brückenschlag zu den 3x3-Quadraten durch die Frage nach Unterschieden zwischen 3x3- und 4x4-Quadraten ermöglichen und die SuS dazu anregen, durch die Miteinander-in-Beziehung-Setzung dieser beiden Quadrat-Varianten festzustellen, dass beide Quadrate auf unterschiedliche Weise magisch sein können, aber ihre Grundstruktur gleich ist.

Der Ausblick auf die nächste Stunde mit der Möglichkeit, eigene magische Quadrate zu entwerfen, fördert die gespannte Beschäftigung mit magischen Quadraten und eine Erwartungshaltung, die erfolgreich wieder aufgenommen werden kann.

---

[30] Krauthausen/Scherer, S. 59
[31] Krauthausen/Scherer, S. 57

4. Methodische Überlegungen

Die Begrüßung erfolgt ritualisiert, nachdem die SuS im Sitzhalbkreis zusammengekommen sind. Den Sitzhalbkreis habe ich gewählt, da die SuS dabei einen guten Blick auf die Tafel und die Kreismitte haben und die Kommunikation durch die Möglichkeit, jeden Schüler direkt anzusehen, erleichtert wird. Es fördert eine angenehme Gesprächsatmosphäre.[32] Im weiteren Verlauf der Stunde ermöglicht dies ein schnelleres Errreichen der Tafel, als es vom Arbeitsplatz aus möglich wäre.

Im Einstieg wird zunächst eine Spannung aufgebaut, indem ich in die Mitte des Kreises ein mit einer Decke verhülltes Bild lege. Das Bild „Melencolia I" wird von mir enthüllt und an allen SuS vorbeigetragen, damit diese es gut betrachten können. Alternativ hätte ich das Bild an die Tafel hängen können, allerdings wären die Einzelheiten, im Speziellen das magische Quadrat, nicht für alle SuS gut erkennbar gewesen.

Das Bild wird in der Kreismitte aufgestellt und von mir zunächst nicht kommentiert. Die SuS äußern sich zu dem Bild und werden vermutlich auch das magische Quadrat bemerken und beprechen. Erst nach einigen Schüleräußerungen werde ich kurz einige Erklärungen zum Bild und zum Autor geben und dabei das Magische, das Rätselhafte des Bildes und des Dürer-Quadrates ansprechen. Weitergehende Erläuterungen werden jedoch erst in der folgenden Stunde gegeben, wenn die Bildung des Dürer-Quadrates erarbeitet wird (steht nicht im Fokus der Stunde).

Nun öffne ich die Tafel und die SuS können das Dürer-Quadrat im Format A3 deutlicher sehen. An diesem Quadrat werden die Besonderheiten eines magischen 4x4-Quadrates herausgearbeitet, wobei farbige Pappstreifen/Pappkreise die von den SuS entdeckten Gesetzmäßigkeiten kennzeichnen. Die SuS heften diese Streifen/Kreise selbst auf das Bild, wobei eine Regel wie z.B. die gleichen Zeilen-summen nur einmal durch einen Farbstreifen markiert wird, damit das Bild nicht zu unübersichtlich wird. Karten, die Erläuterungen zu Fachbegriffen geben, werden nach Nennung der SuS bzw. durch präzisierendes Nachfragen zu diesen Begriffen meiner-seits von den SuS an der Tafel um das Bild herum befestigt (6.7.). Durch diese Visuali-sierung der mathematischen Begriffe erhalten die SuS eine Hilfe für die Beschreibung der Gesetzmäßigkeiten auf ihrem Arbeitsblatt und in der gemeinsamen Besprechung und die Möglichkeit der präziseren Formulierung mathematischer Sachverhalte.[33]

Um eine Hinführung zur Problemstellung zu visualisieren, hefte ich ein leeres Quadrat neben das Dürer-Quadrat und schreibe zwischen die beiden Quadrate mit Kreide „+1". Nun hätte ich eine oder zwei um 1 erhöhte Zahlen in das leere Quadrat schreiben können, ohne das zu erklären, und eine Erläuterung meines Vorgehens von den SuS erfragen können. Ich habe mich jedoch gegen diese Vorgehensweise entschieden, da

---

[32] Mattes, Wolfgang: Methoden für den Unterricht: 75 kompakte Übersichten für Lehrende und Lernende. Braunschweig/Paderborn/Darmstadt, 2011, S. 108
[33] Krauthausen/Scherer, S. 59

es an dieser Stelle besonders wichtig ist, dass alle SuS genau verstehen, wie sie auf ihrem Arbeitsblatt vorgehen sollen, um das Arbeitsblatt nicht zusätzlich erläutern und evtl. einzelnen SuS die Aufgabenstellung erneut erklären zu müssen. Daher werde ich die Frage in die Runde geben, welche Zahlen sich bei einer Erhöhung um 1 jeweils ergeben und auf einzelne Zahlen deuten, deren Ergebnisse ich sodann selbst in das leere Quadrat eintragen werde.

Nach dem Eintragen von 4 Zahlen stelle ich den SuS die Frage, die in dieser Stunde herausgearbeitet werden soll: Ist das 2. Quadrat auch magisch? Dies werde ich in einem zweiten Beispiel zur Multiplikation wiederholen und so insgesamt 8 SuS ermöglichen, den neuen Wert zu berechnen und die Struktur der Aufgabe zu erfassen, die in die Frage „magisch oder nicht" mündet. Es wird vermutlich einige SuS geben, die eine Idee zur Beantwortung der Frage haben, diese werden jedoch gebeten, nichts zu verraten, um allen SuS eine Lösung zu ermöglichen.

Die Arbeitsphase wird durch Stellung der Arbeitsfrage eingeleitet, damit eine Spannung zur Lösung der Frage aufgebaut wird und die SuS stärker zur Bearbeitung des Arbeitsblattes motiviert werden. Ich erläutere die Sozialform für diese Stunde. Während die SuS auf meine Aufforderung hin wieder an ihre Arbeitsplätze gehen, verteile ich das Arbeitsblatt und die SuS beginnen in Einzelarbeit, die Aufgaben zu lösen. Das Zusatzblatt wird erst auf Anforderung zur Verfügung gestellt.

SuS, die nicht so leicht einen Arbeitsanfang finden, frage ich, woran sie ein magisches Quadrat erkennen und lasse mir von ihnen die Strukturen nennen. Dann erkläre ich ihnen, dass sie genau dies aufschreiben können, und versuche so, ihnen die gelegentlich bestehende Schreibhemmung zu nehmen, die ich bei diesen SuS bereits mehrmals beobachtet habe. Während der Arbeitsphase stehe ich allen SuS mit Hinweisen und Ermunterung zum Verschriftlichung ihrer Entdeckungen zur Verfügung.

Zur Reflexion hefte ich Aufgabe 1a mit der Lösung anstelle des Dürer-Quadrates an die Tafel. Die SuS kommen im Sitzhalbkreis zusammen. Die Frage „Ist das ein magisches Quadrat?" bezieht sich auf das Lösungsquadrat und wird von den SuS durch Farbstreifen und -kreise beantwortet und Regelmäßigkeiten dabei begründet. Die Überlegung, ob durch Subtraktion wieder ein magisches Quadrat entsteht, sollte von allen SuS nach kurzem Nachdenken beantwortet werden können. Lernstärkere SuS erhalten die Möglichkeit, mit Farbstiften auf dem Dürer-Quadrat weitere geometrische Muster mit der magischen Zahl des Quadrates darzustellen und ihren Mitschülern zu erläutern. Sofern noch Zeit ist, wird durch Überleitung zu den 3x3-Quadraten die Veränderung der Regelmäßigkeiten verdeutlicht.

Ein Ausblick auf die folgende Stunde erfolgt durch eine kurze inhaltliche Erläuterung und reißt das Thema Bildungsregeln nur an. Ich bedanke mich bei den SuS, verabschiede mich von ihnen und verlasse mit den Gästen den Klassenraum.

5. Literaturverzeichnis

Dahl, Kristin/Nordqvist, Sven: Zahlen, Spiralen und magische Quadrate. Hamburg, 1996

Hessisches Kultusministerium: Kerncurriculum Hessen. Wiesbaden, 2011

Hirt, Ueli/Wälti, Beat: Lernumgebungen im Mathematikunterricht. 2. Aufl., Seelze-Velber, 2010

Krauthausen, Günter/Scherer, Petra: Natürliche Differenzierung im Mathematikunterricht der Grundschule: Theoretische Analyse und Potential ausgewählter Lernumgebungen. In: Böttinger, C./Bräuning, K./Nührenbörger, M./Schwarzkopf, R./Söbbeke, E. (Hrsg.): Mathematik im Denken der Kinder. Seelze, 2010

Lörcher, Christa/Lörcher, G. A.: Nuffield Mathematikprojekt. Konkrete Mathematik in der Grundschule 1. Stuttgart, 1975

Mattes, Wolfgang: Methoden für den Unterricht: 75 kompakte Übersichten für Lehrende und Lernende. Braunschweig/Paderborn/Darmstadt, 2011

Quak, Udo/Sterkenburg, Sabine/Verboom, Lilo: Die Grundschul-Fundgrube für Mathematik. Berlin, 2006
Schmitt, Georg: Aufgabeneinheit 6: Magische Quadrate. http://www.sinus.bildung-rp.de/Sinus-Transfer/Brosch%FCre%20pdf/S.120%20Magische%20Quadrate.pdf (Zugriff am 03.10.2011)

Verboom, Lilo: Mir fällt auf: Du hast die 1 krumm geschrieben! In: Rathgeb-Schnierer, Elisabeth/Roos, Udo (Hrsg.): Wie rechnen Matheprofis? München/Düsseldorf/Stuttgart, 2006

Wittmann, Erich Ch. /Müller, Gerhard N.: Handbuch produktiver Rechenübungen. Band 1. 2. Aufl., Leipzig, 2010

Wittman, Erich Ch./Müller, Gerhard N.: Muster und Strukturen als fachliches Grundkonzept. In: Walther, G./Heuvel-Panhuizen, M. van den/Granzer, D./Köller, O. (Hrsg.): Bildungsstandards für die Grundschule: Mathematik konkret. 4. Aufl., Berlin, 2010

Web-Links:

http://aphilia.de/kunst-albrecht-duerer-04-melencolia.html (Zugriff am 14.10.2011)

http://www.kunstdirekt.net/Symbole/allegorietemperamenteduerer.htm (Zugriff am 14.10.2011)

http://de.wikipedia.org/wiki/Melencolia_I (Zugriff am 14.10.2011)

6. Anhang

6.1. Übersicht über die Kompetenzen der SuS und mögliche Konsequenzen für die Unterrichtsstunde

6.2. Aufbau der Unterrichtseinheit

Stunde	Thema	Inhalt
1.	Wir lernen das magische 3x3-Quadrat „Lo Shu" kennen	Die SuS entdecken Gesetzmäßigkeiten im magischen Quadrat „Lo Shu", indem sie anhand der vorgegebenen „magischen Zahl" 15 mögliche Summen des 3x3-Quadrates herausfiinden. Sie arbeiten kooperativ mit einem Partner, indem sie, ihrem individuellen Entwicklungsstand entsprechend, weitere magische Quadrate mit der Summenzahl 15 finden und erweitern dabei ihre Fähigkeiten im Problemlösen, Argumentieren und Kommunizieren.
2.	Wir erforschen weitere 3x3-Quadrate	Die SuS wenden die Regeln zur Berechnung der Summe eines magischen 3x3-Quadrates an, indem sie, ihrem individuellen Lernstand entsprechend, magische Quadrate mit anderen Summenzahlen vervollständigen und selbst erfinden.
3.	Wir entdecken und untersuchen das Dürer-Quadrat	Die SuS erkennen die Gesetzmäßigkeiten des magischen 4x4-Quadrates am Beispiel des Dürer-Quadrates, indem sie, ihrem individuellen Entwicklungsstand entsprechend, multiplikative und additive Beziehungen magischer Quadrate erarbeiten. Sie erweitern ihre Fähigkeiten im Argumentieren und Kommunizieren, indem sie, ihrem Lernstand entsprechend, ihre Entdeckungen darlegen, reflektieren und begründen.
4.	Wir erfinden eigene magische 4x4-Quadrate	Die SuS erarbeiten die Regeln für die Bildung eines magischen 4x4-Quadrates und erfinden mit diesen Erkenntnissen eigene magische Quadrate mit selbst gewählten Summenzahlen. Dabei erweitern sie ihre Kompetenzen im Problemlösen, indem sie, ihrem individuellen Lernstand entsprechend, Quadrate mit beliebigen arithmetischen Folgen im Zahlenraum bis 1000 erstellen.

6.3. Erläuterung zum Bild „Melencolia I" von Albrecht Dürer[34]

Albrecht Dürer fertigte im Jahr 1514, im Alter von 43 Jahren, seinen Kupferstich „Melencolia I" an. Die Originalgröße ist 24 cm x 19 cm. Es handelt sich dabei um ein sehr vielfältiges Werk, dessen Interpretation bis heute nicht abgeschlossen ist.

Eine Deutung, die auch den Titel mit einbezieht, wäre, dass Dürer mit seinem Sammelsurium von Figuren und Gegenständen den gesamten Prozess der menschlichen Wissensgenerierung in Frage stellen wollte, indem die Gegenstände ihren eigentlichen Zweck nicht mehr erfüllen. [35]

Das Bild selbst ist sehr düster gehalten, der lateinische Titel „Melencolia I" bedeutet: „Weiche,

Albrecht Dürer: Melencolia I, 1514

Melancholie!" Die Lehre von den vier Temperamenten der Antike (Sanguiniker, Choleriker, Melancholiker, Phlegmatiker) wurde in der Renaissance wieder aufgegriffen und es wurde angenommen, dass alle Genies Melancholiker seien. Die Frauengestalt, die die Melancholie verkörpert, soll durch das magische Quadrat in der oberen, rechten Ecke aufgemuntert werden, da dieses in der mittelalterlichen Esoterik dem Jupiter zugeordnet war (lat. „tabula iovis") und nach dieser Auffassung als astrologischer Talisman gegen die Melancholie wirken könnte.[36] Jedem der vier Temperamente war im Mittelalter ein Gott zugeordnet, der Melancholie der Saturn. Nach den griechisch-römischen Sagen wurde der unheilvolle Saturn aber von Jupiter überwältigt und dieser bietet daher durch das Quadrat einen Schutz vor Saturns Einfluss.[37]

Das magische Quadrat gehört noch in die Welt des Mittelalters. Die Ziffern dienen der Magie, dem geistvollen Spiel, und sind nicht einer Realität zugeordnet. Die waagrechten, senkrechten und diagonalen Summen ergeben dieselbe Summe, 34. Diese Zahl hat für Dürer vermutlich noch weitere Bedeutungen: 34 ist die Umkehrung zu 43, dem Alter Dürers zum Zeitpunkt der Vollendung des Kupferstiches. Die Jahreszahl 1514 erscheint in der unteren Zeile des Quadrates, es sind die Felder 15

Ausschnitt aus „Melencolia I", Dürer, 1514

---

[34] die verwendeten Bilder entstammen der Website: http://de.wikipedia.org/wiki/Melencolia_I (Zugriff am 14.10.2011)
[35] http://aphilia.de/kunst-albrecht-duerer-04-melencolia.html (Zugriff am 14.10.2011)
[36] Wittmann, Erich Ch. /Müller, Gerhard N.: Handbuch produktiver Rechenübungen. Band 1. 2. Aufl., Leipzig, 2010, S. 93
[37] http://www.kunstdirekt.net/Symbole/allegorietemperamenteduerer.htm (Zugriff am 14.10.2011)

und 14, und 1514 ist auch das Jahr, in dem Dürers Mutter starb, und zwar im Mai, dem fünften Monat des Jahres, symbolisiert durch die auf dem Kopf stehende 5 im magischen Quadrat. Die nach unten gerichtete Zahl ähnelt dem Symbol der nach unten gehaltenen Fackel und ist in der Symbol-Sprache als Zeichen des Todes zu verstehen.[38]

Albrecht Dürer verfasste auch wissenschaftliche Werke über Mathematik und verarbeitete in seinem Kupferstich sowohl geistes- und ikonologiegeschichtliche Bedeutungen als auch die Symbolik des magischen Quadrates, das sowohl die Mathematik als auch die Esoterik miteinander verknüpft.[39]

---

[38] http://www.kunstdirekt.net/Symbole/allegorietemperamenteduerer.htm (Zugriff am 14.10.2011)
[39] http://de.wikipedia.org/wiki/Melencolia_I (Zugriff am 14.10.2011)

6.4. Arbeitsblatt 1   <u>Magische Quadrate</u>

1.)   Überprüfe, ob sich wieder ein magisches Quadrat ergibt !

a) Vergrößere jede Zahl um 3

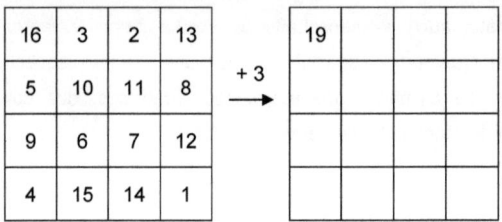

Ist es ein magisches Quadrat ?   ☐   ja   ☐   nein

Warum ist das so?

_____

_____

_____

_____

b) Verdoppele jede Zahl

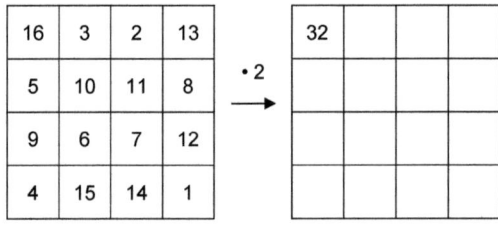

Ist es ein magisches Quadrat ?   ☐   ja   ☐   nein

Was hast du entdeckt?

_____

_____

_____

c) Suche dir 2 magische Quadrate aus.
   Addiere beide magischen Quadrate:

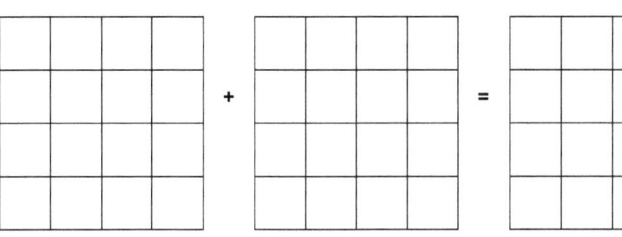

Ergibt sich wieder ein magisches Quadrat? ☐ ja ☐ nein

Erkläre, warum das so ist.

_____

_____

_____

_____

2.) Wo findest du die magische Zahl 34 noch ?
     Kreise Muster farbig ein.

16	3	2	13
5	10	11	8
9	6	7	12
4	15	14	1

16	3	2	13
5	10	11	8
9	6	7	12
4	15	14	1

16	3	2	13
5	10	11	8
9	6	7	12
4	15	14	1

Beschreibe deine Muster:

_____

_____

_____

_____

6.5. Arbeitsblatt 2 **Das magische J.-Quadrat**[40]

2.)   Wie könnte das magische J.-Quadrat aussehen ?

Probiere mit Zahlenkarten aus und schreibe es dann auf.

---

[40] Dieser Name ist zunächst nur exemplarisch, da auch andere SuS dieses Arbeitsblatt (als Zusatzblatt) erhalten können, dann jedoch mit einem Leerstrich anstelle des Namens, und als Zusatzaufgabe. J. erhält das Arbeitsblatt in der vorliegenden Form als Aufgabe 2.

6.6. Sitzplan der Klasse 4

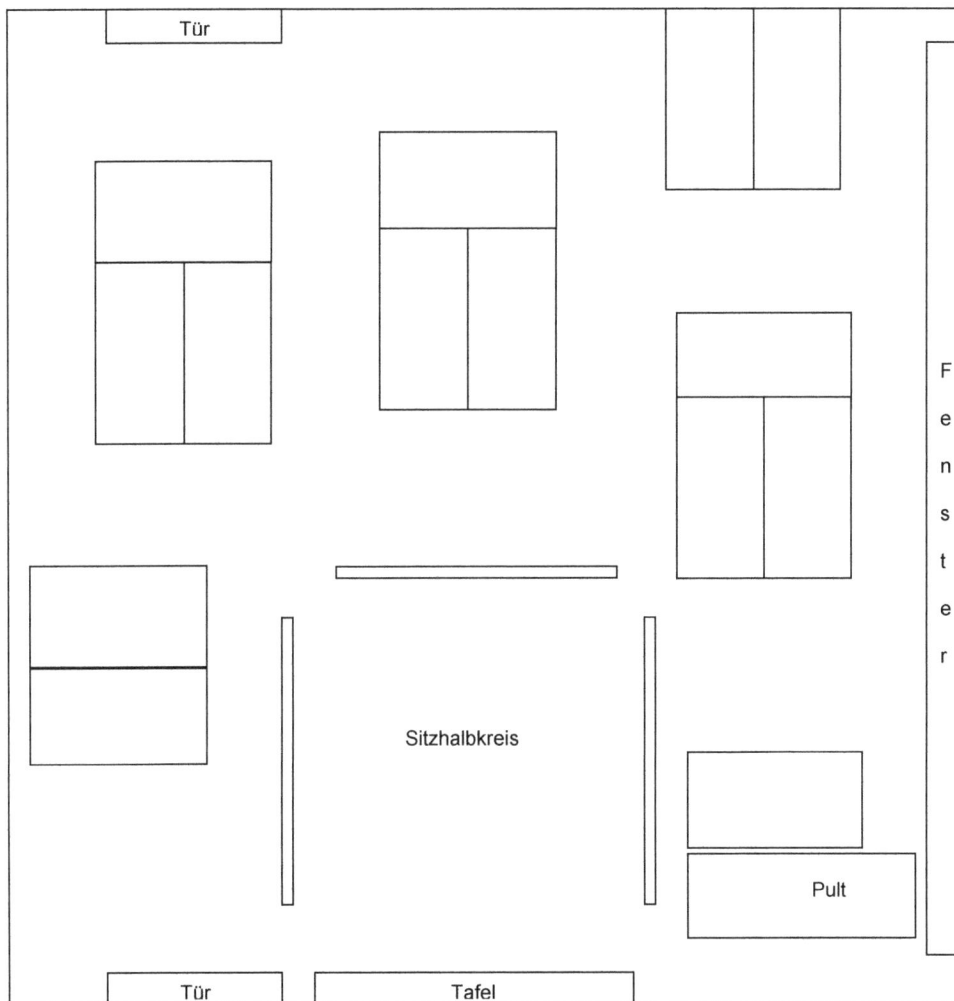

6.7. Tafelbild 1 (Einstieg)

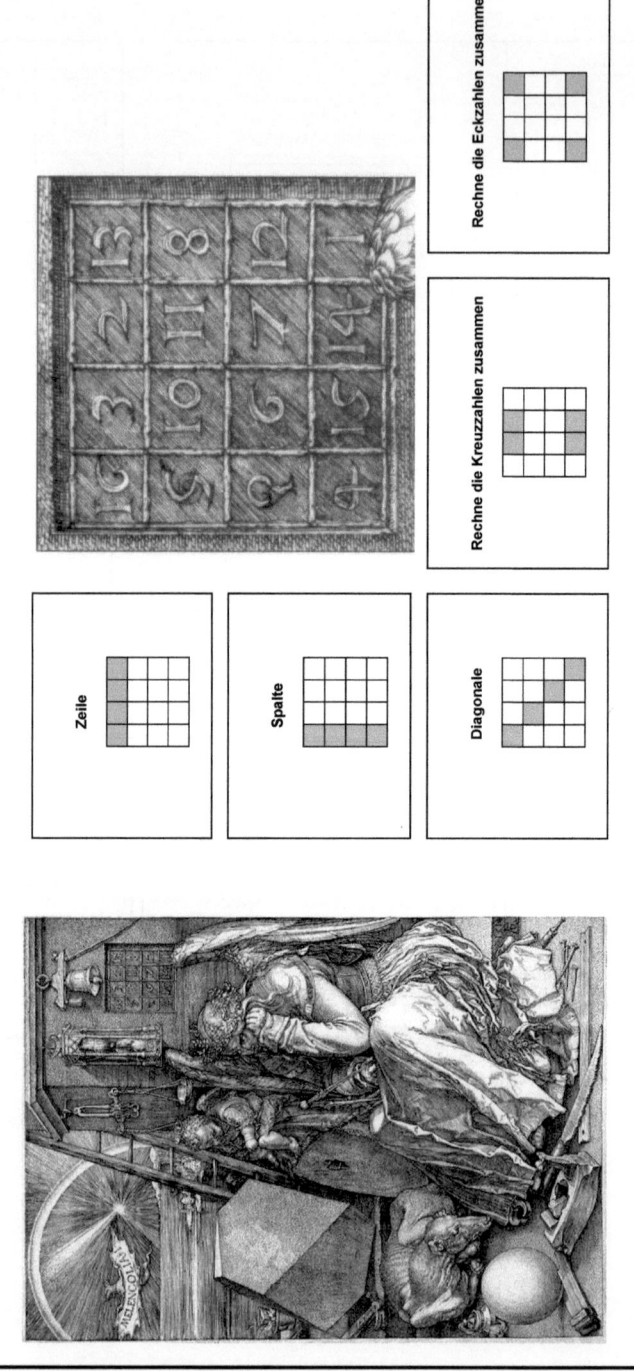

Zeile

Spalte

Diagonale

Rechne die Kreuzzahlen zusammen

Rechne die Eckzahlen zusammen

6.8. Tafelbild 2 (Reflexion)

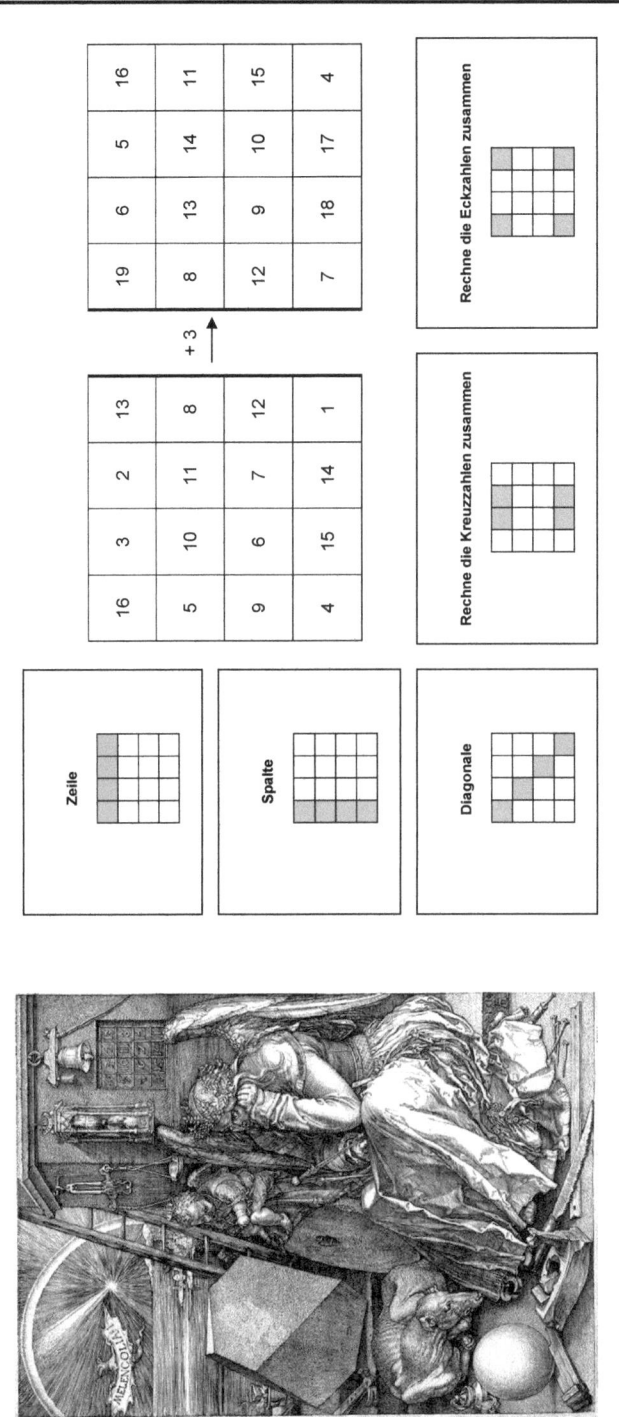

16	3	2	13
5	10	11	8
9	6	7	12
4	15	14	1

+3 →

19	6	5	16
8	13	14	11
12	9	10	15
7	18	17	4

Zeile

Spalte

Diagonale

Rechne die Kreuzzahlen zusammen

Rechne die Eckzahlen zusammen

Stundenverlaufsplan

Phase/Zeit	Geplanter Unterrichtsverlauf	Arbeits- und Sozialform	Medien
Begrüßung (ca. 2 min) 10.15 – 10.17 Uhr	• SuS betreten den Raum und kommen direkt in den Sitzhalbkreis • LiV begrüßt SuS und stellt die Gäste vor • SuS begrüßen die Gäste	• Sitzhalbkreis • Lehreraktivität • Schüleraktivität	
Einstieg (ca. 8 min) 10.17 – 10.25 Uhr	• LiV deckt das Bild „Melencolia I" von Dürer auf • SuS äußern sich zu diesem Bild und dem darin enthaltenen magischen Quadrat • LiV informiert SuS kurz zu dem Bild und dem Maler, Albrecht Dürer • LiV öffnet Tafel, auf der rechten Tafelseite befindet sich das magische „Dürer-Quadrat"[41] aus dem Bild „Melencolia I" • LiV bittet SuS, Besonderheiten des magischen Quadrates zu nennen • SuS markieren Besonderheiten durch farbige Folienstreifen oder Einzelzahlen durch farbige Kreise • LiV heftet Karten mit Fachbegriffen und deren Anordnung im Quadrat (nach Nennung der SuS, ggfs. auf Rückfrage an SuS, ob dieser Fachbegriff gemeint war) an die Tafel	• Lehreraktivität • Schüler-Lehrer-Gespräch • Schüleraktivität	• Tafel • Bild „Melencolia I" von Albrecht Dürer • Bild des Dürer-Quadrates • farbige Pappstreifen • farbige Kreise • Karten mit Erläuterungen von Fachbegriffen und deren Anordnung (z.B. „Kreuzzahlen", „Eckzahlen", „Spalte", usw.)
Hinführung/Prob-lemstellung (ca. 3 min) 10.25 – 10.28 Uhr	• LiV heftet ein leeres Quadrat neben das Dürer-Quadrat und schreibt dazwischen „+1" • LiV zeigt auf einzelne Zahlen des Dürer-Quadrates und bittet SuS, deren Wert um 1 zu erhöhen und das Ergebnis zu nennen; L notiert dieses Ergebnis im leeren Quadrat • LiV stellt Arbeitsfrage: „Ist dieses (neue) Quadrat eigentlich auch magisch?". SuS werden sich daraufhin melden, aber L verweist auf Arbeitsblatt und nimmt keine Meldungen an • LiV nimmt dieses Quadrat ab und heftet ein weiteres leeres Quadrat an die Tafel; L schreibt zwischen die Quadrate „· 2" • LiV zeigt auf einzelne Zahlen des Dürer-Quadrates und bittet SuS erneut um Berechnung der neuen Werte (Ablauf wie vor)	• Sitzhalbkreis • Schüler-Lehrer-Gespräch • Lehreraktivität	• Tafel • Dürer-Quadrat • 2 leere, magische 4x4-Quadrate

---

[41] im folgenden wird auf die Anführungszeichen verzichtet und anstelle von „Dürer-Quadrat" die Bezeichnung Dürer-Quadrat verwendet

Phase	Verlauf	Sozialform / Methode	Medien / Material
Arbeitsphase (ca. 20 min) 10.28 – 10.48 Uhr	• LiV erläutert SuS, dass sie in dieser Stunde herausfinden können, ob ein Quadrat magisch ist • LiV erklärt, dass in dieser Stunde in Einzelarbeit gearbeitet wird • LiV bittet SuS, leise an ihren Arbeitsplatz zu gehen, während L die Arbeitsblätter verteilt • SuS arbeiten in Einzelarbeit an ihrem Arbeitsplatz • LiV gibt Hilfestellung, regt zum Verschriftlichen an, fragt nach	• Sitzhalbkreis • Lehreraktivität • Einzelarbeit am Arbeitsplatz	• Tafel • Schüler-Arbeitsblätter • Karten an der Tafel mit Erläuterungen von Feldbezeichnungen (z.B. „Kreuzzahlen", „Eckzahlen", „Spalte", usw.) • Umschlag mit Zahlenkarten (für J., evtl. andere SuS)

Reflexion
(ca. 10 min)
10.48 – 10.58 Uhr
	• LiV beendet Arbeitszeit durch ein Zeichen
	• LiV bittet SuS mit ihren Arbeitsblättern in den Sitzhalbkreis (*dies erfolgt nur, falls mehr als 8 SuS auch Aufgabe 2 gelöst haben und ihre Muster daher zeigen; ansonsten kommen die SuS ohne Arbeitsblätter in den Kreis*)
	• LiV heftet Aufgabe 1a mit Lösung an die Tafel
	• LiV stellt Reflexionsfragen:
	  - Ist das ein magisches Quadrat?
	  - Woran habt ihr das erkannt?
	  - Was habt ihr noch an Mustern entdeckt?
	  - Was wäre, wenn ich -1 rechne? Ist es dann immer noch magisch?
	  - Was passiert, wenn ich mit :2 rechne?
	  (*evtl.: - Was ist bei diesen großen magischen Quadraten anders als bei den kleineren der letzten Stunden?*)
	• SuS markieren mit Pappstreifen bzw. Kreisen ihre Entdeckungen im Lösungsquadrat
		• Sitzhalbkreis
		• Schüler-Lehrer-Gespräch
			• Tafel
			• Schüler-Arbeitsblätter
			• Aufgabe 1a mit Lösung
			• verschiedene Farbstifte
			• farbige Pappstreifen
			• farbige Kreise

Verabschiedung Ausblick (ca. 2 min) 10.58 – 11.00 Uhr	• LiV informiert SuS über den Inhalt der nächsten Stunde, in der die SuS herausfinden können, wie magische 4x4-Quadrate erstellt werden und sie selbst weitere magische 4x4-Quadrate erfinden können • LiV verabschiedet sich von SuS und verlässt mit den Gästen den Klassenraum	• Sitzhalbkreis • Lehreraktivität